Dampfmaschine

oder

Elektromotor?

Von

FRIEDRICH BARTH

Oberingenieur an der Bayerischen
Landesgewerbeanstalt in Nürnberg

Mit zehn zeichnerischen Darstellungen

Erweiterter Sonderabdruck aus der Zeitschrift
für Dampfkessel und Maschinenbetrieb

Jahrgang 1915

München und Berlin
Verlag von R. Oldenbourg

www.ingramcontent.com/pod-product-compliance
Lightning Source LLC
Chambersburg PA
CBHW022311240326
41458CB00164BA/819